BEI GRIN MACHT SICH IHR WISSEN BEZAHLT

- Wir veröffentlichen Ihre Hausarbeit, Bachelor- und Masterarbeit

- Ihr eigenes eBook und Buch - weltweit in allen wichtigen Shops

- Verdienen Sie an jedem Verkauf

Jetzt bei www.GRIN.com hochladen und kostenlos publizieren

Konstantinos Theodorou

Lärmminderung am Emissionsort, Immissionsort und auf dem Transmissionsweg

GRIN Verlag

Bibliografische Information der Deutschen Nationalbibliothek:

Die Deutsche Bibliothek verzeichnet diese Publikation in der Deutschen National-
bibliografie; detaillierte bibliografische Daten sind im Internet über http://dnb.d-
nb.de/ abrufbar.

Impressum:

Copyright © 2008 GRIN Verlag GmbH
Druck und Bindung: Books on Demand GmbH, Norderstedt Germany
ISBN: 978-3-656-39130-2

Dieses Buch bei GRIN:

http://www.grin.com/de/e-book/210825/laermminderung-am-emissionsort-immissi-
onsort-und-auf-dem-transmissionsweg

GRIN - Your knowledge has value

Der GRIN Verlag publiziert seit 1998 wissenschaftliche Arbeiten von Studenten, Hochschullehrern und anderen Akademikern als eBook und gedrucktes Buch. Die Verlagswebsite www.grin.com ist die ideale Plattform zur Veröffentlichung von Hausarbeiten, Abschlussarbeiten, wissenschaftlichen Aufsätzen, Dissertationen und Fachbüchern.

Besuchen Sie uns im Internet:

http://www.grin.com/

http://www.facebook.com/grincom

http://www.twitter.com/grin_com

Geographisches Institut
Ruhr-Universität Bochum

Studienprojekt:
„Lärm"

Lärmminderung am Emissionsort, Immissionsort und auf dem Transmissionsweg

Konstantinos Theodorou

Inhaltsverzeichnis

Abbildungsverzeichnis

Tabellenverzeichnis

1 Einleitung

Die vorliegende Hausarbeit des Studienprojekts „Lärm" befasst sich mit dem Thema Lärmminderung am Emissionsort, Immissionsort und auf dem Transmissionsweg. Im Zuge der zunehmenden Verlärmung, z.B. durch die Ausweitung des Straßenverkehrs, ist es sehr interessant die vielfältigen Möglichkeiten zur Minderung zu untersuchen und zu beleuchten. Es bestehen nämlich an allen drei Abschnitten Ansatzpunkte zur Lärmminderung. Dazu werde ich zunächst die relevanten Begriffe erläutern und in den Kontext der Vorschriften und Verordnungen setzen. Die vorgestellten Lärmminderungsmaßnahmen habe ich in aktiven und passiven Lärmschutz unterteilt; darunter fallen auch die einzelnen Maßnahmen am Emissionsort, Immissionsort und auf dem Transmissionsweg. Dabei habe ich mich hauptsächlich auf den Straßenverkehr beschränkt, da dieser einerseits der hauptsächliche Aspekt in diesem Studienprojekt ist und anderseits laut einer Umfrage des Umweltbundesamtes die Belästigung die durch den Straßenlärm verursacht wird am größten ist. Ich werde hier nur einige mögliche Maßnahmen beispielhaft vorstellen, eine größere Auswahl, gerade bei der Lärmminderung am Emissionsort, würde den Rahmen dieser Arbeit sprengen.

2 Definitionen und rechtliche Grundlagen

In diesem Abschnitt möchte ich die Unterteilung von störendem Schall in Emissionen und Immissionen erläutern und die Begriffe Emissionsort, Immissionsort und Transmissionsweg definieren. Ferner gehe ich kurz auf das umfangreiche technische Regelwerk ein, dass in diesem Zusammenhang von Bedeutung ist.

2.1 Emission, Transmission, Immission

Schall und Geräusche entstehen an einer bestimmten Quelle und besitzen dort immer die größte Intensität. Die abgestrahlten Schallwellen und ihr Eintreten in die Umwelt werden als Emission bezeichnet, der Entstehungsort der Schallwellen dementsprechend als Emissionsort. Der Schall breitet sich ausgehend von seiner Quelle in Schallgeschwindigkeit (temperaturabhängig) aus und verliert dabei an Intensität. Diese Ausbreitung wird als Transmission oder bei einer Strecke als Transmissionsweg bezeichnet (Stadt Braunschweig 2006). Der Schallpegel nimmt dabei bei kugelförmiger Schallausbreitung (bei einzelnen Schallquellen) bei Verdopplung der Strecke um etwa 6 dB(A) und bei zylindrischer Ausbreitung (z.B. Straßen) um etwa 3 dB(A) ab. Darüber hinaus ist die Ausbreitung abhängig von der Witterung - wie z.B. der Luftabsorption, Brechungseffekten bei Temperatur- oder Windgradienten und bodennaher Temperaturinversionen - sowie der Bodenbeschaffenheit und eventuell vorhandener Hindernisse (Krell 1990: 21-22). Der bei einem Empfänger eintreffende Schall ist die Immission und ausschlaggebend für die Planung von Lärmminderungsmaßnahmen. Der Standpunkt des Empfängers (z.B. ein Wohnhaus) wird dementsprechend als Immissionsort bezeichnet. Den Zusammenhang zwischen Emission, Transmission und Immission verdeutlicht Abb.1.

Abb.1: <u>Emission, Transmission, Immission</u>

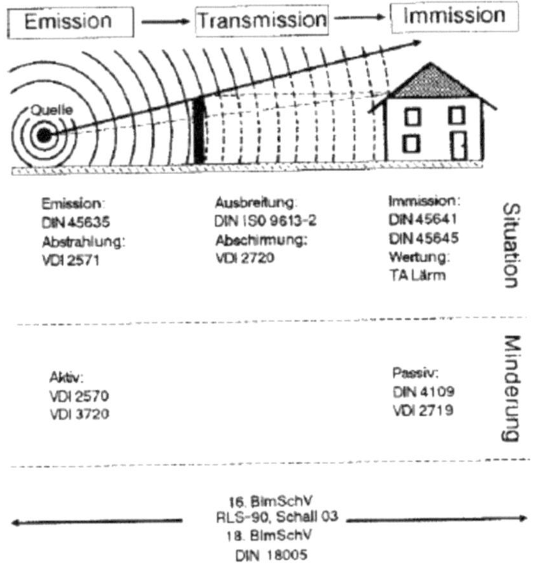

Quelle: Ministerium für Stadtentwicklung, Wohnen und Verkehr des Landes Brandenburg 2001: 12

Es besteht also ein also ein kausaler Zusammenhang und jedes der Elemente ist wichtig für die Minderung von Lärm, da sich in jeder Situation Ansatzpunkte für Lärmminderungsmaßnahmen bieten (Ministerium für Stadtentwicklung 2001: 12-16). Auf diese aktiven und passiven Maßnahmen gehe ich unter Punkt 3 ein.

2.2 Rechtliche Grundlagen zur Lärmminderung

Wie ebenfalls in Abb.1 zu sehen ist, gibt es für die Themenbereiche Emission, Transmission und Immission eigene Gesetze und Regelwerke. Bei der Emission bzw. der Lärmquelle ist beispielsweise die DIN 45635 zu nennen, die sich mit Geräuschmessungen an Maschinen befasst. Zur Ausbreitung von Schall wird die DIN ISO 9613-2 angewendet, die von einer bodennahen, kugelförmigen Punktquelle ausgeht und keine Reflexionen und Abschirmungen berücksichtigt. Die Vorschrift enthält eine meteorologische Korrektur, die allerdings nur Witterungsbedingungen berücksichtigt, wie sie über Monate und Jahre bestehen (Dietrich 2004). Für Schallimmissionen sind u. a. die DIN 45641, welche die Mittelung von Schallpegeln bestimmt, sowie die DIN 45645-1 heranzuziehen, mit der sich Beurteilungspegel aus Messungen ermitteln lassen. Zur Lärmminderung gibt es mehrere VDI Richtlinien wie die VDI 2720-1 (Schallschutz durch Abschirmung im Freien), die VDI 4100 (Schallschutz von Wohnungen) oder die VDI 2719 (Schallschutz von Fenstern und deren Zusatzeinrichtungen). Umfassend für alle Themenbereiche relevant ist vor allem die DIN 18005-1 (Schallschutz im Städtebau und Berechnungsverfahren), die technische Anleitung zum Schutz gegen Lärm (TA Lärm) sowie die 16. BImSchV und die Richtlinien für den Lärmschutz an Straßen, kurz RLS 90, für den Verkehrslärm. Mit den Richtlinien soll eine einheitliche Verfahrensweise zur Abwägung, Messung und Durchführung von Lärmschutzmaßnahmen erreicht werden (Ministerium für Stadtentwicklung 2001: 14-16).

3 Lärmminderungsmaßnahmen

Die einfachste Möglichkeit Lärmimmissionen zu mindern ist natürlich die Vermeidung von Lärm, die auch im Gesetz z.B. im StVG verankert ist. Da sich aber bestimmte Schallereignisse nicht vermeiden lassen, gibt es vielfältige Möglichkeiten zur Minderung, die ich nun vorstellen möchte.

3.1 Aktiver Lärmschutz

Aktiver Lärmschutz umfasst alle Maßnahmen, die möglichst nah oder an der Schallquelle selbst durchgeführt werden. Dazu gehören auch solche Maßnahmen, welche die Ausbreitung - also die Transmission – verhindern sollen. Die Lärmbekämpfung bei der Entstehung ist am nachhaltigsten, weil der Schall direkt reduziert wird und schon mit geringerer Intensität am Immissionsort ankommt (Stadt Braunschweig 2006).

3.1.1 Geräuschminderung an Fahrzeugen

Seit 1970 gibt es europaweite Vorschriften für Grenzwerte bei Kraftfahrzeugen. Diese wurden zwar im Laufe der Jahre bei PKW von anfangs 82 dB(A) auf 74 dB(A) gesenkt, gleichzeitig hat sich jedoch auch das Verkehrsaufkommen stark erhöht (Bundesministerium für Verkehr 1998). Hinzu kommt, dass die Geschwindigkeit der Fahrzeuge ebenfalls zugenommen hat und teilweise über die Berechnungsvorschrift von 130 km/h hinausgeht. Höhere Geschwindigkeiten bedeuten auch höhere Emissionen (VCD 2003: 9). Das Antriebsgeräusch ist dabei bei PKW nur bis zu einer Geschwindigkeit von etwa 40 km/h von ausschlaggebender Bedeutung. Darüber hinaus dominiert, wie in Abb.2 zu sehen, das Rollgeräusch der Fahrzeuge.

Abb.2: Antriebsgeräusch vs. Rollgeräusch

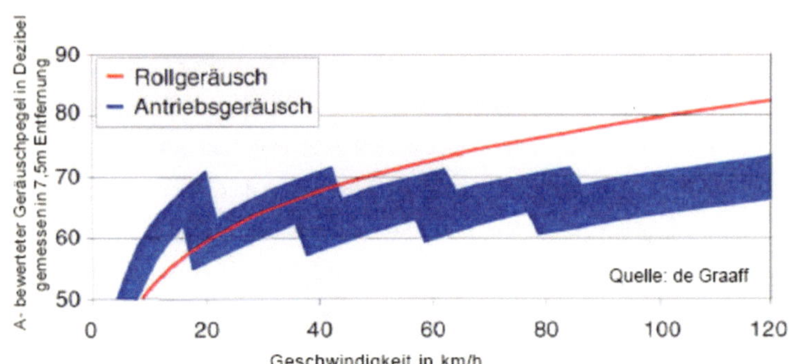

Quelle: VCD Verkehrsclub Deutschland e.V. (Hg.) 2003: Bekämpfung von Straßenverkehrslärm S. 23

Beim Zusammenwirken von Schallquellen besteht ein vorrangiger Handlungsbedarf gegenüber der stärksten Quelle. Es sollte also in erster Linie bei den Reifen angesetzt werden, zumal weitere Maßnahmen beim Antrieb zu Konflikten mit Sicherheit und Gewicht der Fahrzeuge führen (VCD 2003: 21-23). Laut Umweltbundesamt sind die EU-Grenzwerte für Reifen, die seit 2003 in Kraft sind, zu niedrig, da bei einem Reifentest die Werte deutlich unterboten wurden. Innerhalb einer Klasse wurden dabei Geräuschunterschiede von bis zu 4 dB(A) festgestellt, ohne dass es signifikante Konflikte zwischen Abrollgeräusch, Rollwiderstand und Sicherheitsaspekten gab (Umweltbundesamt 2003).

3.1.2 Geräuscharme Straßenbeläge

Neben dem üblichen verbauten Asphaltbeton, der als Referenz in den RLS-90 berücksichtigt wird, gibt es auch lärmarme, offenporige Straßenbeläge. Diese können die Emissionen gegenüber normalem Asphalt durch Absorption um bis 8 dB(A) senken und sind auch bei Nässe sehr wirksam. Nachteile des offenporigen Asphalts sind die in etwa doppelt so hohen Kosten und notwendige, aufwendige Reinigungsmaßnahmen bei Verschmutzungen, die durch die Verstopfung der Poren entsteht. Darüber hinaus ist er nur außerorts zugelassen. Eine neuere Entwicklung sind doppellagige, offenporige Beläge, bei denen die Reinigung entfällt. Diese Beläge werden allerdings noch nicht verbaut, da die Herstellung sehr aufwendig ist und deshalb kaum zugelassen wird (VCD 2003: 13-17).

3.1.3 Verkehrsbeeinflussung und Schallschutzplanung

Schallschutzplanung ist ein wichtiger Aspekt in der Raumordnung. Schädliche Umwelteinwirkungen wie Lärm sind in der Bauleitplanung zu berücksichtigen. Vorbeugende Maßnahmen zum Lärmschutz sind dabei gegenüber nachträglichen Maßnahmen kostengünstiger und effektiver. Dazu gehören beispielsweise die Verminderungen von Funktionstrennungen des Verkehrs (eine Bündelung ist Schallschutztechnisch von Vorteil), die Beschränkung von Stellplätzen und Garagen oder die Ausweisung von reinen Wohngebieten und damit verbundener Abnahme der Immissionsrichtwerte (Krell 1990: 207-214). Darüber hinaus gibt es auch Möglichkeiten zur Immissionsminderung in den fließenden Verkehr einzugreifen. So wird z.B. beim Konzept der Verkehrsberuhigung versucht, Durchgangsverkehr von Wohngebieten auf Umgehungs- bzw. Hauptverkehrsstraßen umzuleiten, da die Zunahme des Schallpegels auf der Hauptstraße kleiner ist als die Abnahme des Pegels im Wohngebiet. Im Idealfall (mindestens 50% Verkehrsreduktion) ist eine Lärmminderung von bis zu 3 dB(A) möglich. Ein weiterer Ansatz ist es, die Geschwindigkeit der Fahrzeuge zu verringern. Da eine Geschwindigkeitsbegrenzung meist nicht ausreicht, sind weitere Maßnahmen wie Mittelinseln oder eine Verengung des Fahrbahnverlaufes erforderlich. Dabei ist zu beachten, dass durch die Maßnahmen ein gleichmäßiger Verlauf der Fahrt möglich ist, um häufiges Bremsen und Beschleunigen zu unterbinden. Im Idealfall können dadurch die Mittelungspegel wiederum um etwa 3 dB(A) verringert werden (Schick 1998: 32-37).

3.1.4 Lärmminderung durch bauliche Maßnahmen

Es gibt zahlreiche bauliche Maßnahmen um Schallimmissionen zu mindern, die sich hinsichtlich Platzbedarf, Wirksamkeit und Preis unterscheiden. Die wichtigsten sind in Abb. 3 dargestellt.

Abb.3: Maßnahmen zur Minderung der Schallimmissionen

Pegelminderung durch Abschirmung 129

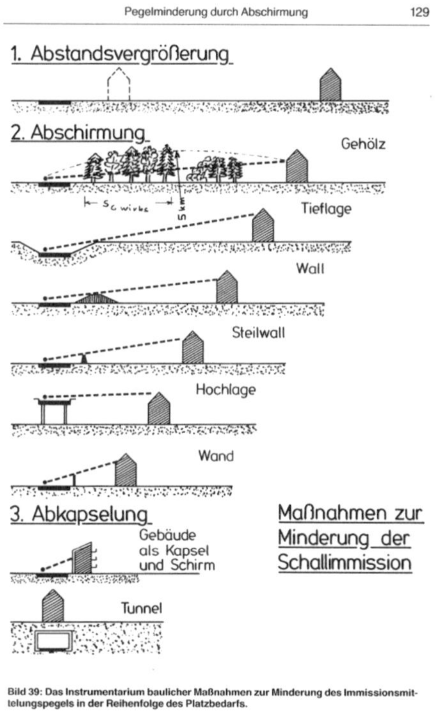

Bild 39: Das Instrumentarium baulicher Maßnahmen zur Minderung des Immissionsmittelungspegels in der Reihenfolge des Platzbedarfs.

Quelle: Krell, Karl 1990: Handbuch für Lärmschutz an Straßen und Schienenwegen. S. 129

Durch eine Abstandsvergrößerung wird der Pegel an einem Immissionsort zwar gesenkt, allerdings kommt es zur Verlärmung in anderen Gebieten (Krell 1990: 218). Häufig werden Wälle oder Steilwälle errichtet, da sie verhältnismäßig günstig sind und sich, z.B. auch durch Bepflanzung, in das Ortbild integrieren lassen. Allerdings haben Wälle einen erheblichen Platzbedarf (siehe Abb. 3) und sind bei gleicher Höhe nicht so wirksam wie Wände, die eher innerstädtisch zum Einsatz kommen. Das liegt vor allem daran, dass die Schirmkante einer Wand näher an der Schallquelle gebracht werden kann, als die eines Walls. Schallschutzwände bestehen meist aus Beton, Aluminium, Holz oder Glas und kosten in etwa zwischen 200 – 400€ pro Quadratmeter (Bayrisches Landesamt für Umwelt 2007a). Nachteile bei Wänden sind die Beeinträchtigung des Ortsbildes und der Sicherheit, etwa durch Sichtbehinderungen und Lichtreflexionen. Schallreflexionen können unter Umständen den Einsatz absorbierender Materialien notwendig machen (Ministerium für Stadtentwicklung 2001: 114-117). Grundsätzlich bestimmt die Höhe einer Abschirmung deren Wirksamkeit. Je höher und näher ein Schallschirm an der Schallquelle ist, desto wirksamer ist er (Krell 1990: 130). Der Schall wird an der Kante einer Abschirmung gebeugt und wird so gezwungen, eine längere Strecke zum Immissionsort zurückzulegen, die Schallintensität nimmt ab (Ministerium für Stadtentwicklung 2001: 109-111). Abb. 4 verdeutlicht den Zusammenhang:

Abb.4: Schallbeugung

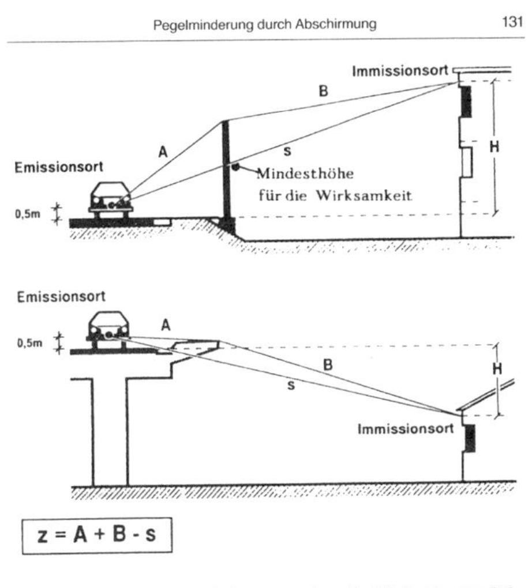

Bild 40: Hindernisse im Schallausbreitungsweg zwingen den Schall zu Umwegen. [21]

Quelle: Krell, Karl 1990: Handbuch für Lärmschutz an Straßen und Schienenwegen. S. 131

Neben der Höhe ist auch die Breite der Abschirmung von Bedeutung, da der Schall auch an den senkrechten Kanten gebeugt wird. Ein Tunnelbau ist das wirksamste Instrument bei den baulichen Maßnahmen: der Schall dringt nicht nach außen und die Fläche oberhalb des Tunnels kann anderweitig genutzt werden. Allerdings steigt der

Schallpegel durch die Mehrfachreflexionen innerhalb des Tunnels um bis zu 15 dB(A) an und ist deshalb auch sehr hoch bei den Ein- und Ausfahrten. Nicht zuletzt ist ein Tunnelbau einerseits sehr kostspielig, aber vor allem im Unterhalt sehr teuer (Ministerium für Stadtentwicklung 2001: 120-122).

3.2 Passiver Lärmschutz

Passiver Lärmschutz setzt nicht an der Schallquelle an, sondern am Immissionsort. Dazu gehören in erster Linie Schallschutzmaßnahmen an Fenstern, Türen, Dächern und Fassaden, aber auch die Grundrissgestaltung von Gebäuden. Diese Maßnahmen lassen sich durch den Einzelnen leichter realisieren, der Hauseigentümer erhält meist einen Zuschuss für den Ein- bzw. Umbau (Stadt Braunschweig 2006).

3.2.1 Schallschutzfenster

In der VDI 2719 (Schallschutz von Fenstern und deren Zusatzeinrichtungen) werden Anhaltswerte für Lärmpegel innerhalb von Räumen angeben, die nicht überschritten werden sollten. So sollte der Mittelungspegel etwa in einem Schlafraum in einem reinen Wohngebiet nachts nicht über 30 dB(A), in einem Wohnraum tagsüber nicht über 35 dB(A) liegen. Um diese Werte zu erreichen, werden oftmals Schallschutzfenster eingesetzt. Diese werden in unterschiedliche Schallschutzklassen eingeteilt, wie in Tab. 1 zu sehen ist.

Tab. 1: Schallschutzklassen und Maßnahmen

Schall-schutz-klasse	Erforderliches Schalldämm-Maß R'w in dB(A)	Maßnahmen
1	25 - 29	- Schalldämm-Maß der Isolierverglasung Rw = 27 dB(A) - umlaufendes Lippendichtungsprofil - dichte Anschlussfugen des Rollladenkastens - Schalldämm-Maß der Lüftungseinrichtung Rw = 35 dB(A)
2	30 – 34	- Schalldämm-Maß der Isolierverglasung Rw = 32 dB(A) - umlaufendes Lippendichtungsprofil - dichte Anschlussfugen des Rollladenkastens - Schalldämm-Maß der Lüftungseinrichtung Rw = 38 dB(A)
3	35 - 39	- Schalldämm-Maß der Isolierverglasung Rw = 37 dB(A) - 2 umlaufende Lippendichtungsprofile - dichte Anschlussfugen des Rollladenkastens - Schalldämm-Maß der Lüftungseinrichtung Rw = 38 dB(A)
4	40 - 44	- Schalldämm-Maß der Isolierverglasung Rw = 42 dB(A) - 2 umlaufende Lippendichtungsprofile - Rollladenkasten mit Schwerdämmfolie und Mineralfaserfilz und abgedichteten Anschlüssen - Schalldämm-Maß der Lüftungseinrichtung Rw = 48 dB(A)
5	45 - 49	- Schalldämm-Maß der Isolierverglasung Rw = 46 dB(A) - 2 umlaufende Lippendichtungsprofile - Rollladenkasten mit Schwerdämmfolie und Mineralfaserfilz und abgedichteten Anschlüssen - Schalldämm-Maß der Lüftungseinrichtung Rw = 50 dB(A)
6	> 50	- Schalldämm-Maß der Isolierverglasung Rw = 49 dB(A) - 2 umlaufende Lippendichtungsprofile - Rollladenkasten mit Schwerdämmfolie und Mineralfaserfilz und abgedichteten Anschlüssen - Schalldämm-Maß der Lüftungseinrichtung Rw = 52 dB(A)

Quelle: Bayrisches Landesamt für Umwelt (Hg.) 2007b: Das erforderliche Schalldämm-Maß von Schallschutzfenstern

Dabei ist das Schalldämm-Maß R eines Bauteils abhängig von der von außen auftreffenden Schalleistung und der vom Bauteil nach innen durchgelassenen Schalleistung. Rw ist das bewertete Schalldämmaß im Prüfstand, R'w das Schalldämmaß am funktionsfähigen, eingebauten Fenster, bei dem die Schallübertragung auch über Nebenwege erfolgen kann. Laut VDI 2719 gilt: R'w = Rw – 2 dB (Bayrisches Landesamt für Umwelt 2007b). Es gibt also je nach Schallschutzklasse eine große Bandbreite um den Innenraumpegel auf ein ertragbares Maß zu senken. Wird jedoch eine zu hohe Schallschutzklasse gewählt, kann es zu einem Hervortreten von Geräuschen aus dem Gebäudeinneren kommen (z.B. Nachbarschaft), die zuvor nicht bewusst wahrgenommen wurden. Der größte Nachteil eines Schallschutzfensters ist jedoch der eingeschränkte Luftaustausch. Bei Wohn- oder Büroräumen kann dem mit kurzen Stoßlüftungen entgegengetreten werden, bei Schlafräumen ist dies allerdings nicht möglich. Deshalb müssen Lüftungseinrichtungen integriert werden, die ihrerseits Geräusche emittieren bzw. das Schalldämm-Maß der Fenster mindern (Krell 1990: 470).

3.2.2 Gebäudegrundriss

Neben den Einbau von Schallschutzfenstern spielt auch die Anordnung der Räume eine Rolle bei den passiven Lärmschutzmaßnahmen. So können lärmsensible Räume wie Schlafzimmer auf der Schallabgewandten Seite eingerichtet werden. Durch Schall-schutzmaßnahmen auf der Schallzugewandten Seite und die Möblierung der Zimmer können die kritischen Werte von unter 30 dB(A) erreicht werden. Abb. 5 zeigt einen möglichen Wohnungsgrundriss:

<u>Abb. 5: Wohnungsgrundriss</u>

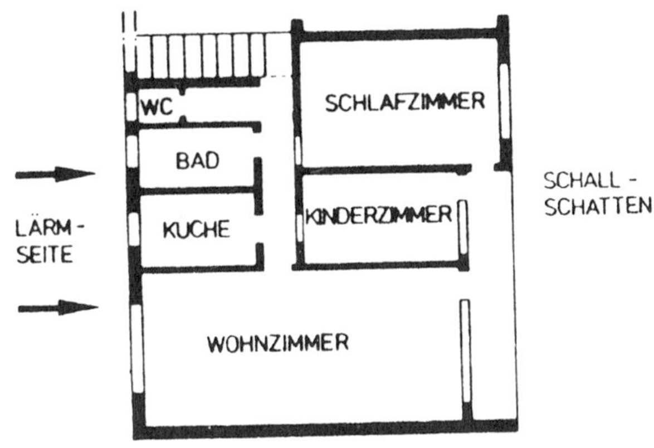

Bild 87: Beispiel eines auf Schallschutz ausgerichteten Wohnungsgrundrisses.

Quelle: Krell, Karl 1990: Handbuch für Lärmschutz an Straßen und Schienenwegen. S. 238

Das Wohnzimmer ermöglicht die Durchlüftung und die Sicht auf die Lärmseite, die Schlafräume sind hinreichend geschützt. Derartige Gebäude oder Gebäude die keinen andauernden Aufenthaltsort für Menschen darstellen (z.B. Parkhäuer), können auch ak-tiv als Schallschirm in die Schallschutzplanung integriert werden (Krell 1990: 234-236).

4 Fazit

Lärm ist in Deutschland, vor allem in dicht besiedelten Gebieten, ein immer wachsendes Problem. Einen großen Anteil daran hat der Straßenverkehr, der sich in den letzten Jahrzehnten stark ausgeweitet hat. Ist gibt jedoch viele Möglichkeiten dem zu begegnen und die Immissionen zu senken und damit die Lebensqualität zu verbessern. An den Fahrzeugen, vor allem an den Reifen und beim Straßenbelag gibt es noch Potentiale um die Emissionen zu verringern. Gerade die doppellagigen und offenporigen Asphalte können da noch eine wichtige Rolle spielen. Außerdem sollten unbedingt die EU-Grenzwerte für Reifen herabgesetzt werden. Können die Emissionen verringert werden, könnten auch weitere bauliche Maßnahmen vermieden werden. Wo das nicht möglich ist, sollte durch eine geschickte und effiziente Planung Abschirmungen entstehen. Letztlich stellt sich jedoch auch immer die Frage der wirtschaftlichen Verhältnismäßigkeit der Maßnahmen. Den Schallpegel am Immissionsort durch passive Maßnahmen zu senken stellt in meinen Augen nur eine Notlösung dar. Niemand möchte ständig die Fenster geschlossen halten oder auf die Nutzung von Garten oder Balkon verzichten, nur weil es zu laut ist.

Literaturverzeichnis

Bayrisches Landesamt für Umwelt (Hg.) 2007a: Lärm – unausweichlich störend
http://www.lfu.bayern.de/laerm/index.htm [26.01.2008]

Bayrisches Landesamt für Umwelt (Hg.) 2007b: Das erforderliche Schalldämm-Maß
von Schallschutzfenstern – Vergleich verschiedener Regelwerke
http://www.lfu.bayern.de/laerm/fachinformationen/doc/schallschutzfenster.pdf
[26.01.2008]

Bundesministerium für Verkehr (Hg.) 1998: Lärmschutz im Verkehr. Schiene Straße
Wasser Luft. 2. Auflage, Bonn

Dietrich, Rudolf Adolf 2004: Ist die DIN ISO 9613-2 zur Durchführung einer Schall-
prognose für Windenergieanlagen geeignet? Manuskript. Hohnstorf/Elbe

Krell, Karl 1990: Handbuch für Lärmschutz an Straßen und Schienenwegen. 2. Auflage,
Darmstadt

Ministerium für Stadtentwicklung, Wohnen und Verkehr des Landes Brandenburg (Hg.)
2001: Städtebauliche Lärmfibel. Hinweise für die Bauleitplanung. Frankfurt (Oder).

Schick, Peter 1998: Auswirkungen von Verkehrsberuhigungsmaßnahmen auf die Lärm-
belastung. Diplomarbeit, Leopold-Franzens-Universität zu Innsbruck.

Stadt Braunschweig (Hg.) 2006: Lärm.
http://www.braunschweig.de/umwelt_naturschutz/infos/umweltatlas/10/10.html
[26.01.2008]

Umweltbundesamt (Hg.) 2003: Lärm – Aktuelles
http://www.umweltbundesamt.de/laermprobleme/index.html [26.01.2008]

VCD Verkehrsclub Deutschland e.V. (Hg.) 2003: Bekämpfung von Straßenverkehrslärm. Tagungsband. Bonn